Rechenwege: In Schritten vorwärts

Löse die Aufgaben am Rechenstrich.

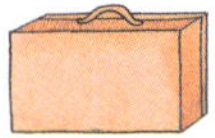

47 + 26 = ____

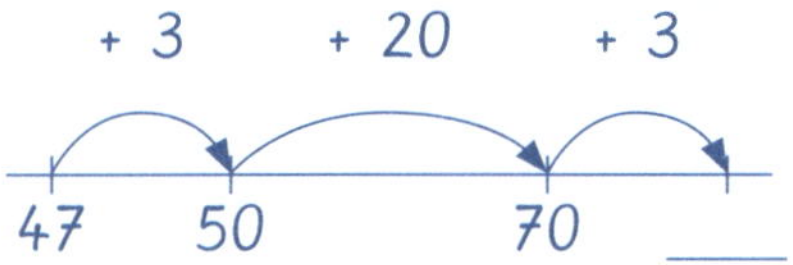

64 + 17 = ____

15 + 48 = ____

68 + 24 = ____

33 + 38 = ____

78 + 14 = ____

27 + 36 = ____

26 + 45 = ____

56 + 28 = ____

Rechenwege: In Schritten zurück

Löse die Aufgaben am Rechenstrich.

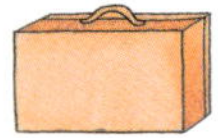

65 – 17 = ____

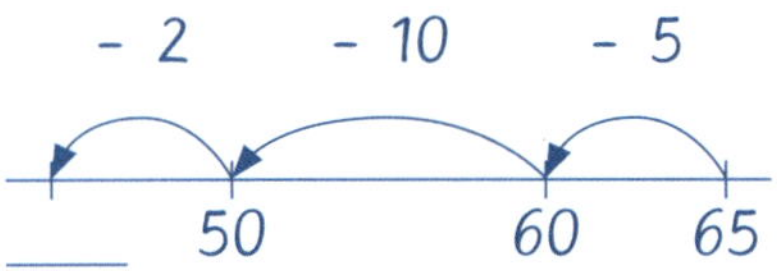

94 – 56 = ____

56 – 27 = ____

43 – 25 = ____

75 – 28 = ____

75 – 47 = ____

81 – 36 = ____

31 – 13 = ____

83 – 25 = ____

Rechenwege: Mit der Zehnerzahl

1 Rechne mit dem grünen Werkzeugkoffer. Notiere deinen Rechenweg.

67 + 28 = ____

36 + 49 = ____

57 + 38 = ____

2 73 – 39 = ____

87 – 49 = ____

91 – 39 = ____

65 – 29 = ____

46 – 18 = ____

1 Rechne auf deinem Weg und notiere ihn.

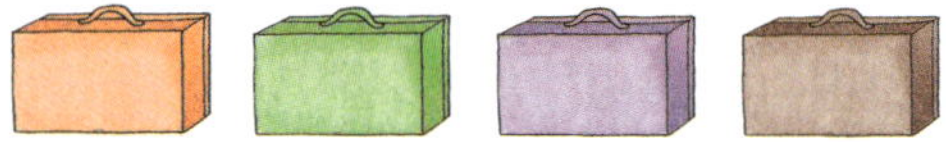

37 + 49 = ____

68 + 23 = ____

53 + 28 = ____

78 + 12 = ____

14 + 55 = ____

46 + 38 = ____

2 Welche Zahlen sind verdeckt?

36 + 25 = ____
36 + 20 + ▢

47 + 29 = ____
47 + 30 − ▢

72 + 24 = ____
72 + ▢ + 4

56 + 39 = ____
56 + 40 − ▢

Rechenwege ⊕ und ⊖

1 Rechne auf deinem Weg und notiere ihn.

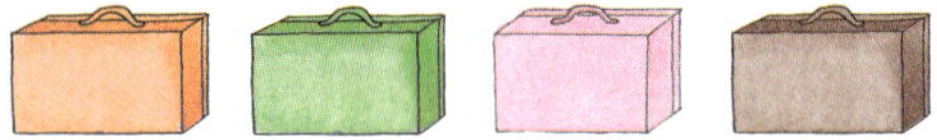

84 – 45 = ____

72 – 34 = ____

66 – 28 = ____

92 – 56 = ____

85 – 14 = ____

78 – 69 = ____

2 Welche Zahlen sind verdeckt?

72 – 29 = ____
72 – 30 +

51 – 25 = ____
51 – 20 –

85 – 38 = ____
85 – 40 +

42 – 17 = ____
42 –   – 7

Einmaleins mit Kernaufgaben

1

·	1	2	3	4	5	6	7	8	9	10
1										
2										
5										
10										

2 Die Kernaufgaben helfen. Schreibe sie auf. Rechne.

$3 \cdot 8 =$ ____ | $9 \cdot 4 =$ ____ | $7 \cdot 3 =$ ____

$2 \cdot 8 =$ ________ | $10 \cdot 4 =$ ________ | $7 \cdot 2 =$ ________

$6 \cdot 3 =$ ____ | $4 \cdot 8 =$ ____ | $9 \cdot 7 =$ ____

________ | ________ | ________

$4 \cdot 9 =$ ____ | $8 \cdot 6 =$ ____ | $6 \cdot 4 =$ ____

________ | ________ | ________

3 Löse die Quadrataufgaben.

$3 \cdot 3 =$ ____ | $7 \cdot 7 =$ ____

$6 \cdot 6 =$ ____ | $1 \cdot 1 =$ ____

$9 \cdot 9 =$ ____ | $4 \cdot 4 =$ ____

$5 \cdot 5 =$ ____ | $10 \cdot 10 =$ ____

$2 \cdot 2 =$ ____ | $8 \cdot 8 =$ ____

Umkehraufgaben

1 Aufgabe und Umkehraufgabe: Entscheide selbst, welche Aufgabe du zuerst rechnest.

20 : 4 = ____
____ · 4 = 20

10 : 2 = ____
____ · 2 = 10

45 : 9 = ____
____ · 9 = 45

16 : 8 = ____
____ · 8 = 16

70 : 7 = ____
____ · 7 = 70

15 : 3 = ____
____ · 3 = 15

14 : 7 = ____
____ · 7 = 14

25 : 5 = ____
____ · 5 = 25

7 : 7 = ____
____ · 7 = 7

12 : 6 = ____
____ · 6 = 12

40 : 4 = ____
____ · 4 = 40

80 : 8 = ____
____ · 8 = 80

2 Rechne Aufgabe und Umkehraufgabe.

6 : 3 = ____
____ · ____ = ____

35 : 7 = ____
____ · ____ = ____

90 : 9 = ____
____ · ____ = ____

10 : 5 = ____
____ · ____ = ____

8 : 8 = ____
____ · ____ = ____

40 : 8 = ____
____ · ____ = ____

60 : 6 = ____
____ · ____ = ____

4 : 4 = ____
____ · ____ = ____

18 : 9 = ____
____ · ____ = ____

30 : 6 = ____
____ · ____ = ____

Einmaleins mit 4

1 Welche Zahlen gehören nicht zur Viererreihe? Streiche sie durch.

2

5 · 4 = ____

8 · 4 = ____

7 · 4 = ____

3 · 4 = ____

6 · 4 = ____

2 · 4 = ____

4 · 4 = ____

1 · 4 = ____

9 · 4 = ____

0 · 4 = ____

10 · 4 = ____

3

____ · 4 = 24

____ · 4 = 32

____ · 4 = 40

____ · 4 = 0

____ · 4 = 12

____ · 4 = 20

____ · 4 = 36

____ · 4 = 16

____ · 4 = 4

____ · 4 = 28

____ · 4 = 8

4

36 = ____ · 4

28 = ____ · 4

4 = ____ · 4

16 = ____ · 4

24 = ____ · 4

40 = ____ · 4

12 = ____ · 4

32 = ____ · 4

0 = ____ · 4

8 = ____ · 4

20 = ____ · 4

5

12 : 4 = ____

20 : 4 = ____

28 : 4 = ____

32 : 4 = ____

40 : 4 = ____

8 : 4 = ____

16 : 4 = ____

36 : 4 = ____

24 : 4 = ____

4 : 4 = ____

0 : 4 = ____

Einmaleins mit 8

1 Welche Zahlen gehören nicht zur Achterreihe? Streiche sie durch.

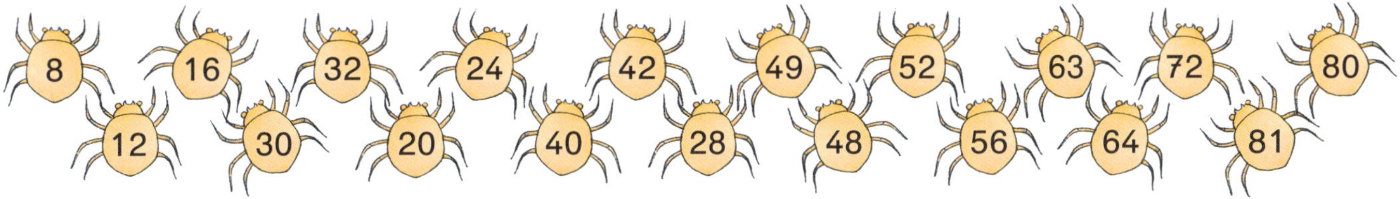

2

4 · 8 = ____
6 · 8 = ____
7 · 8 = ____
3 · 8 = ____
8 · 8 = ____
2 · 8 = ____
5 · 8 = ____
10 · 8 = ____
9 · 8 = ____
0 · 8 = ____
1 · 8 = ____

3

____ · 8 = 16
____ · 8 = 48
____ · 8 = 40
____ · 8 = 0
____ · 8 = 24
____ · 8 = 56
____ · 8 = 32
____ · 8 = 80
____ · 8 = 64
____ · 8 = 72
____ · 8 = 8

4

56 = ____ · 8
24 = ____ · 8
16 = ____ · 8
80 = ____ · 8
48 = ____ · 8
40 = ____ · 8
64 = ____ · 8
32 = ____ · 8
0 = ____ · 8
8 = ____ · 8
72 = ____ · 8

5

16 : 8 = ____
48 : 8 = ____
24 : 8 = ____
72 : 8 = ____
40 : 8 = ____
8 : 8 = ____
80 : 8 = ____
56 : 8 = ____
64 : 8 = ____
32 : 8 = ____
0 : 8 = ____

Einmaleins mit 3

1 Welche Zahlen gehören nicht zur Dreierreihe? Streiche sie durch.

2

9 · 3 = ___
6 · 3 = ___
4 · 3 = ___
5 · 3 = ___
8 · 3 = ___
2 · 3 = ___
3 · 3 = ___
10 · 3 = ___
7 · 3 = ___
1 · 3 = ___
0 · 3 = ___

3

___ · 3 = 9
___ · 3 = 27
___ · 3 = 18
___ · 3 = 3
___ · 3 = 21
___ · 3 = 6
___ · 3 = 15
___ · 3 = 0
___ · 3 = 12
___ · 3 = 30
___ · 3 = 24

4

15 = ___ · 3
24 = ___ · 3
12 = ___ · 3
30 = ___ · 3
6 = ___ · 3
21 = ___ · 3
9 = ___ · 3
0 = ___ · 3
18 = ___ · 3
3 = ___ · 3
27 = ___ · 3

5

18 : 3 = ___
21 : 3 = ___
6 : 3 = ___
27 : 3 = ___
30 : 3 = ___
9 : 3 = ___
0 : 3 = ___
12 : 3 = ___
3 : 3 = ___
15 : 3 = ___
24 : 3 = ___

Einmaleins mit 6

1 Welche Zahlen gehören nicht zur Sechserreihe? Streiche sie durch.

2

$8 \cdot 6 =$ ___

$5 \cdot 6 =$ ___

$4 \cdot 6 =$ ___

$6 \cdot 6 =$ ___

$9 \cdot 6 =$ ___

$3 \cdot 6 =$ ___

$2 \cdot 6 =$ ___

$7 \cdot 6 =$ ___

$10 \cdot 6 =$ ___

$1 \cdot 6 =$ ___

$0 \cdot 6 =$ ___

3

___ $\cdot 6 = 18$

___ $\cdot 6 = 0$

___ $\cdot 6 = 54$

___ $\cdot 6 = 30$

___ $\cdot 6 = 12$

___ $\cdot 6 = 36$

___ $\cdot 6 = 6$

___ $\cdot 6 = 42$

___ $\cdot 6 = 60$

___ $\cdot 6 = 24$

___ $\cdot 6 = 48$

4

$30 =$ ___ $\cdot 6$

$42 =$ ___ $\cdot 6$

$60 =$ ___ $\cdot 6$

$48 =$ ___ $\cdot 6$

$6 =$ ___ $\cdot 6$

$54 =$ ___ $\cdot 6$

$24 =$ ___ $\cdot 6$

$0 =$ ___ $\cdot 6$

$18 =$ ___ $\cdot 6$

$36 =$ ___ $\cdot 6$

$12 =$ ___ $\cdot 6$

5

$12 : 6 =$ ___

$24 : 6 =$ ___

$6 : 6 =$ ___

$36 : 6 =$ ___

$30 : 6 =$ ___

$54 : 6 =$ ___

$0 : 6 =$ ___

$18 : 6 =$ ___

$48 : 6 =$ ___

$60 : 6 =$ ___

$42 : 6 =$ ___

Einmaleins mit 9

1 Welche Zahlen gehören nicht zur Neunerreihe? Streiche sie durch.

9 16 18 21 24 27 30 36 42 45 48 54 63 70 72 81 90

2

2 · 9 = ___
4 · 9 = ___
5 · 9 = ___
6 · 9 = ___
10 · 9 = ___
3 · 9 = ___
8 · 9 = ___
1 · 9 = ___
9 · 9 = ___
7 · 9 = ___
0 · 9 = ___

3

___ · 9 = 18
___ · 9 = 36
___ · 9 = 54
___ · 9 = 27
___ · 9 = 63
___ · 9 = 0
___ · 9 = 90
___ · 9 = 45
___ · 9 = 9
___ · 9 = 81
___ · 9 = 72

4

45 = ___ · 9
9 = ___ · 9
63 = ___ · 9
36 = ___ · 9
18 = ___ · 9
27 = ___ · 9
54 = ___ · 9
72 = ___ · 9
0 = ___ · 9
90 = ___ · 9
81 = ___ · 9

5

18 : 9 = ___
27 : 9 = ___
54 : 9 = ___
36 : 9 = ___
81 : 9 = ___
45 : 9 = ___
9 : 9 = ___
0 : 9 = ___
63 : 9 = ___
72 : 9 = ___
90 : 9 = ___

Einmaleins mit 7

1 Welche Zahlen gehören nicht zur Siebenerreihe? Streiche sie durch.

7 18 24 32 42 49 56 70

14 21 28 35 48 54 63 72

2

10 · 7 = ___
4 · 7 = ___
5 · 7 = ___
9 · 7 = ___
8 · 7 = ___
3 · 7 = ___
2 · 7 = ___
0 · 7 = ___
6 · 7 = ___
7 · 7 = ___
1 · 7 = ___

3

___ · 7 = 35
___ · 7 = 7
___ · 7 = 49
___ · 7 = 21
___ · 7 = 63
___ · 7 = 14
___ · 7 = 0
___ · 7 = 28
___ · 7 = 56
___ · 7 = 70
___ · 7 = 42

4

56 = ___ · 7
7 = ___ · 7
49 = ___ · 7
14 = ___ · 7
0 = ___ · 7
21 = ___ · 7
28 = ___ · 7
42 = ___ · 7
35 = ___ · 7
63 = ___ · 7
70 = ___ · 7

5

7 : 7 = ___
70 : 7 = ___
56 : 7 = ___
21 : 7 = ___
35 : 7 = ___
14 : 7 = ___
42 : 7 = ___
28 : 7 = ___
63 : 7 = ___
0 : 7 = ___
49 : 7 = ___

1

10 · 8 = ___	9 · 6 = ___	6 · 7 = ___	6 · 9 = ___	3 · 8 = ___
8 · 6 = ___	10 · 4 = ___	4 · 8 = ___	7 · 4 = ___	6 · 5 = ___
4 · 9 = ___	8 · 8 = ___	8 · 7 = ___	9 · 5 = ___	8 · 9 = ___
5 · 7 = ___	5 · 9 = ___	0 · 5 = ___	3 · 6 = ___	7 · 6 = ___
3 · 3 = ___	7 · 7 = ___	9 · 4 = ___	4 · 3 = ___	8 · 4 = ___
5 · 4 = ___	5 · 3 = ___	7 · 9 = ___	9 · 8 = ___	9 · 9 = ___

2

32 : 4 = ___	18 : 3 = ___	54 : 9 = ___	45 : 5 = ___	32 : 8 = ___
36 : 9 = ___	48 : 6 = ___	16 : 2 = ___	54 : 6 = ___	28 : 7 = ___
24 : 8 = ___	30 : 5 = ___	36 : 4 = ___	24 : 4 = ___	27 : 9 = ___
42 : 7 = ___	42 : 6 = ___	63 : 7 = ___	45 : 9 = ___	12 : 6 = ___
49 : 7 = ___	48 : 8 = ___	21 : 3 = ___	36 : 6 = ___	0 : 3 = ___
25 : 5 = ___	21 : 7 = ___	24 : 6 = ___	35 : 7 = ___	40 : 5 = ___

3

Zahl gesucht: Du kannst die Zahl durch 3 und durch 6 teilen. Sie ist größer als 15 und kleiner als 20.

Es ist die Zahl ___.

1 Bilde 2 Malaufgaben und 2 Geteiltaufgaben.

3	6	18

3 · 6 = 18
6 · 3 = ___
18 : 6 = ___
___ : ___ = ___

7	4	28

___ · ___ = ___
___ · ___ = ___
___ : ___ = ___
___ : ___ = ___

8	9	72

___ · ___ = ___
___ · ___ = ___
___ : ___ = ___
___ : ___ = ___

6	7	42

___ · ___ = ___
___ · ___ = ___
___ : ___ = ___
___ : ___ = ___

2 Bilde 2 Malaufgaben und 2 Geteiltaufgaben.

4	5	

7		56

8		24

	6	54

Teilen mit Rest

1

54 : 6 = 9	32 : 8 = ____	24 : 4 = ____	42 : 7 = ____	72 : 9 = ____
55 : 6 = 9 R1	33 : 8 = ____	25 : 4 = ____	43 : 7 = ____	73 : 9 = ____
56 : 6 = ____	34 : 8 = ____	26 : 4 = ____	44 : 7 = ____	74 : 9 = ____
57 : 6 = ____	35 : 8 = ____	27 : 4 = ____	45 : 7 = ____	75 : 9 = ____
58 : 6 = ____	36 : 8 = ____	28 : 4 = ____	46 : 7 = ____	76 : 9 = ____
59 : 6 = ____	37 : 8 = ____	29 : 4 = ____	47 : 7 = ____	77 : 9 = ____
60 : 6 = ____	38 : 8 = ____	30 : 4 = ____	48 : 7 = ____	78 : 9 = ____

2 Welcher Rest bleibt? Male die Aufgaben in der richtigen Farbe an.

27 : 6 | 60 : 8 | 34 : 5 | 30 : 9 | 39 : 4 | 41 : 7 | 41 : 6

31 : 4 | 32 : 9 | 18 : 5 | 70 : 8 | 25 : 7

64 : 6

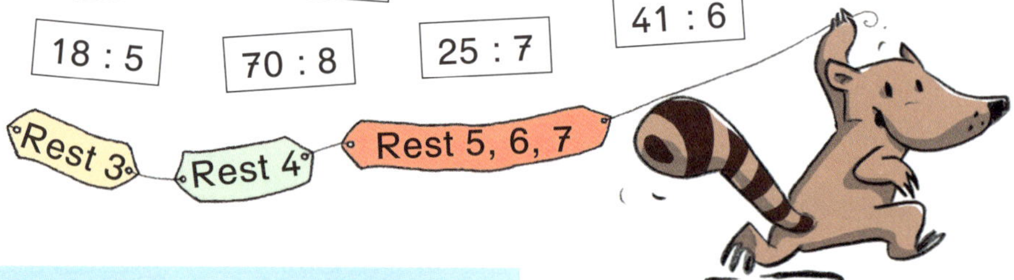

3 Zahl gesucht: Du kannst die Zahl ohne Rest durch 2, 3, 4 und 6 teilen. Wenn du sie durch 5 teilst, bleibt der Rest 2.

Es ist die Zahl ____.

1

16 : 4 = ___
24 : 3 = ___
35 : 5 = ___
48 : 6 = ___
56 : 8 = ___
12 : 2 = ___
20 : 5 = ___
49 : 7 = ___

63 : 9 = ___
40 : 8 = ___
36 : 4 = ___
50 : 5 = ___
54 : 6 = ___
27 : 3 = ___
0 : 4 = ___
36 : 9 = ___

2

29 : 3 = ___ R ___
37 : 6 = ___ R ___
84 : 9 = ___ R ___
75 : 8 = ___ R ___
62 : 7 = ___ R ___
38 : 4 = ___ R ___
46 : 7 = ___ R ___
12 : 5 = ___ R ___

20 : 9 = ___ R ___
22 : 4 = ___ R ___
49 : 6 = ___ R ___
34 : 8 = ___ R ___
78 : 10 = ___ R ___
27 : 5 = ___ R ___
35 : 10 = ___ R ___
10 : 3 = ___ R ___

3

30 : ___ = 5
32 : ___ = 4
30 : ___ = 6
42 : ___ = 7
21 : ___ = 7
70 : ___ = 7
25 : ___ = 5

56 : ___ = 8
24 : ___ = 4
24 : ___ = 3
64 : ___ = 8
36 : ___ = 6
15 : ___ = 5
54 : ___ = 6

4

___ : 3 = 9
___ : 9 = 8
___ : 6 = 6
___ : 5 = 9
___ : 8 = 6
___ : 5 = 6
___ : 5 = 8

___ : 4 = 7
___ : 7 = 6
___ : 4 = 5
___ : 9 = 2
___ : 3 = 10
___ : 8 = 4
___ : 9 = 10

Mal-Plus-Häuser

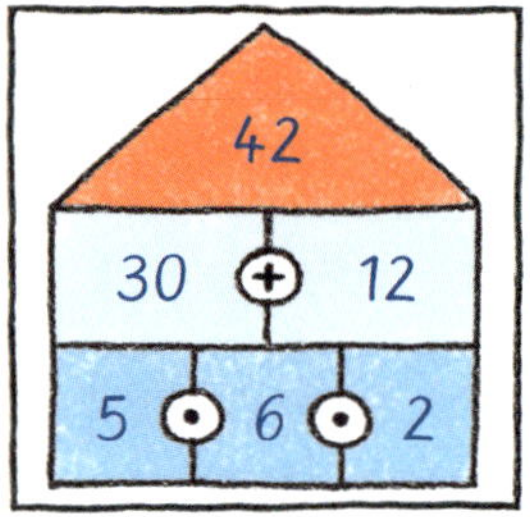

7	5	2
9	2	6
5	4	8
9	3	9
3	5	6
5	4	4
6	9	5
2	9	9
6	5	4
7	8	3
8	2	9
6	3	7
5	8	6

Mal-Plus-Häuser

1

_ | 12	_ | 18	21 | _	24 | _	32 | _
5 | 4 | _	7 | 2 | _	_ | 3 | 8	_ | 6 | 7	4 | _ | 7

2

40	30	54	72	32
_ | 30	_ | 18	_ | 48	36 | _	12 | _
_ | 5 | _	_ | 3 | _	_ | _ | 8	6 | _ | _	_ | 4 | _

3

40 | 32	56 | 21	15 | 35	24 | 30
_ | _ | _	_ | _ | _	_ | _ | _	_ | _ | _

1 Trage die Zahlen in die Stellenwerttafel ein.

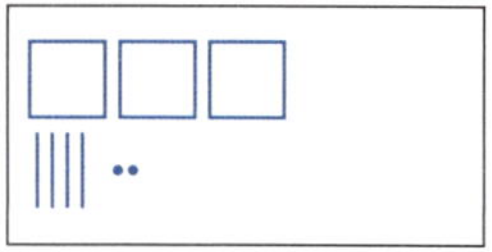

T	H	Z	E

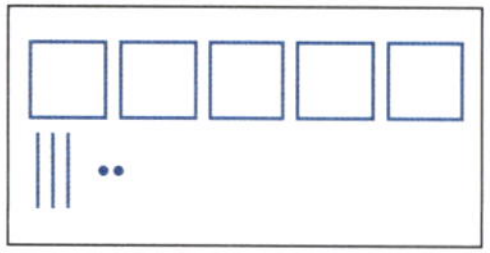

T	H	Z	E

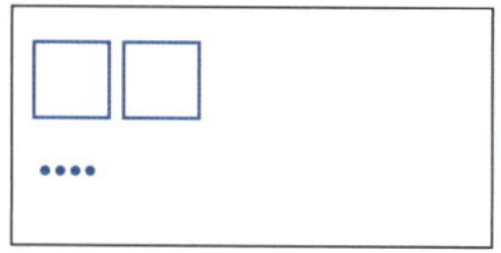

T	H	Z	E

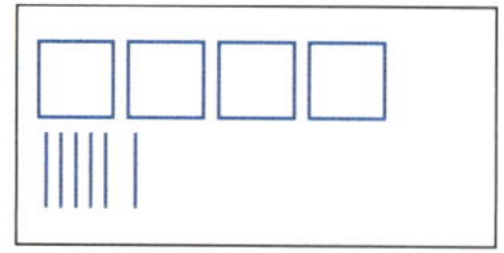

T	H	Z	E

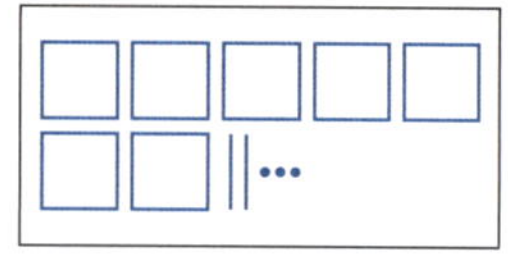

T	H	Z	E

2 Notiere die Zahlen.

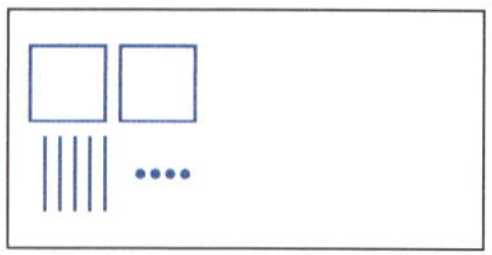

______

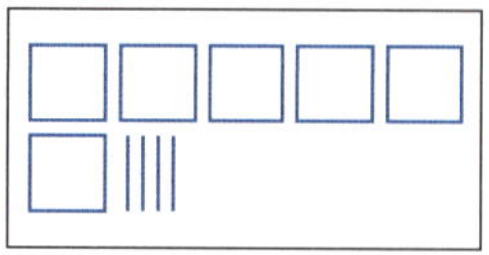

______

______

______

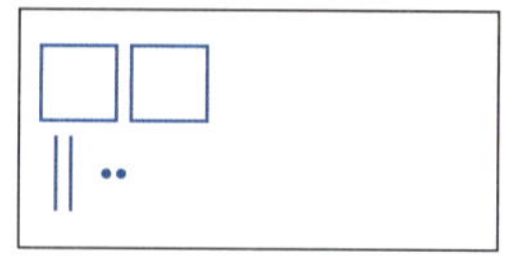

______

3 Notiere die Zahlen.

6 Z
8 H 3 E

______

4 E
5 H

______

4 H
3 Z 6 E

______

2 H
4 Z

______

6 H
1 E 5 Z

______

1 Zerlege die Zahl.

594 = 5 H + 9 Z + 4 E

481 = ______

128 = ______

476 = ______

630 = ______

603 = ______

306 = ______

360 = ______

2 Wie heißt die Zahl?

600 + 20 + 3 = ____

600 + 30 = ____

600 + 2 + 30 = ____

600 + 3 = ____

400 + 70 + 6 = ____

400 + 6 = ____

400 + 60 + 7 = ____

400 + 70 = ____

10 + 7 + 200 = ____

70 + 200 = ____

7 + 200 + 10 = ____

20 + 700 + 1 = ____

40 + 900 + 5 = ____

5 + 900 = ____

50 + 4 + 900 = ____

4 + 500 + 90 = ____

3 Rechne.

540 + 60 + 200 = ____

350 + 50 + 150 = ____

210 + 90 + 350 = ____

680 + 20 + 125 = ____

430 + 70 + 222 = ____

520 + 80 + 399 = ____

4 Immer 1 000

400 + ____

950 + ____

700 + ____

350 + ____

850 + ____

650 + ____

520 + ____

980 + ____

460 + ____

890 + ____

370 + ____

640 + ____

825 + ____

385 + ____

645 + ____

954 + ____

922 + ____

918 + ____

Das Tausender-Leporello

Ergänze die Zahlen in den markierten Feldern.

201	*202*								
211									
221									
231									
241			245	246					
251			255	256					
261									
271									
281									
291								299	

541									550
591									600

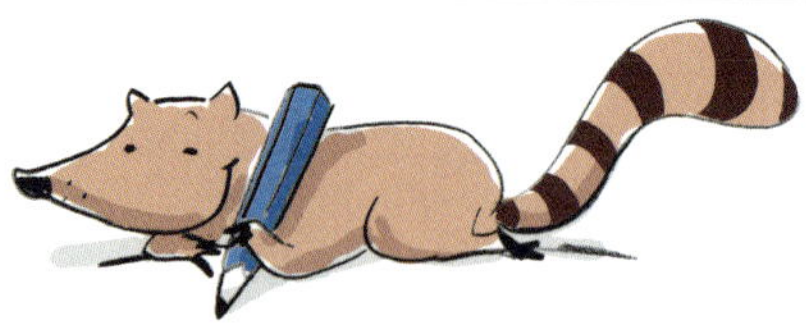

1 Setze richtig ein: (>) oder (<) ?

540 ◯ 450	786 ◯ 768	990 ◯ 909	736 ◯ 637
125 ◯ 251	459 ◯ 495	110 ◯ 101	275 ◯ 257
874 ◯ 784	565 ◯ 656	560 ◯ 650	335 ◯ 353

2 Wie heißen die Nachbar**zahlen**?

___ 247 ___	___ 596 ___	___ 399 ___	___ 800 ___
___ 103 ___	___ 402 ___	___ 601 ___	___ 1 000 ___
___ 250 ___	___ 739 ___	___ 559 ___	___ 900 ___

3 Wie heißen die Nachbar**zehner**?

530 537 540	___ 895 ___	___ 633 ___
___ 249 ___	___ 972 ___	___ 300 ___
___ 112 ___	___ 407 ___	___ 456 ___

4 Wie heißen die Nachbar**hunderter**?

700 769 800	___ 476 ___	___ 502 ___	___ 298 ___
___ 697 ___	___ 324 ___	___ 930 ___	___ 120 ___

1 Welche Stelle ändert sich? Rechne.

45 + 3 = ___
545 + 3 = ___
45 + 30 = ___
545 + 30 = ___

69 + 6 = ___
369 + 6 = ___
69 + 60 = ___
369 + 60 = ___

87 − 5 = ___
787 − 5 = ___
87 − 50 = ___
787 − 50 = ___

92 − 7 = ___
892 − 7 = ___
92 − 70 = ___
892 − 70 = ___

2 Notiere die verwandte Aufgabe. Rechne.

18 + 5 = ___
180 + 50 = ___

___ + ___ = ___
250 + 60 = ___

47 − 6 = ___
470 − 60 = ___

___ − ___ = ___
720 − 40 = ___

___ + ___ = ___
370 + 90 = ___

___ + ___ = ___
560 + 70 = ___

___ − ___ = ___
340 − 70 = ___

___ − ___ = ___
170 − 90 = ___

3

600	
300	
550	
200	

400	
250	
20	
180	

900	
500	
450	
410	

700	
620	
350	
270	

Über und unter den Hunderter

1

498 + ____ = 503 | 792 + ____ = 801 | 898 + ____ = 905 | 295 + ____ = 301
595 + ____ = 602 | 396 + ____ = 404 | 694 + ____ = 701 | 495 + ____ = 505
797 + ____ = 805 | 298 + ____ = 307 | 399 + ____ = 402 | 597 + ____ = 604

2

702 − ____ = 699 | 501 − ____ = 492 | 603 − ____ = 594 | 804 − ____ = 797
605 − ____ = 598 | 407 − ____ = 398 | 705 − ____ = 696 | 206 − ____ = 196
408 − ____ = 399 | 806 − ____ = 799 | 502 − ____ = 492 | 903 − ____ = 894

3

+	80	84	87
70			
72			
75			

4

−	60	62	65
150			
155			
160			

−	90	93	95
170			
175			
173			

5

790 + ____ = 810 | 710 − ____ = 690 | ____ + 11 = 710 | ____ − 13 = 291
892 + ____ = 904 | 508 − ____ = 496 | ____ + 15 = 310 | ____ − 14 = 691
691 + ____ = 708 | 306 − ____ = 292 | ____ + 17 = 410 | ____ − 15 = 591

Geldbeträge legen

1 Wie viel Euro sind es?

______ ______ ______ ______

2 Lege und zeichne mit möglichst wenigen Scheinen und Münzen.

323 € 423 € 671 € 956 €

3 Finde verschiedene Möglichkeiten.

500 € 500 € 500 € 500 €

Rechenwege bei der Addition

1 Löse die Aufgaben am Rechenstrich.

545 + 248 = ____

376 + 418 = ____

257 + 636 = ____

619 + 264 = ____

2 Rechne mit dem grünen Koffer am Rechenstrich.

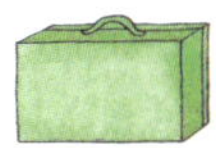

467 + 299 = ____

374 + 398 = ____

Rechne auf deinem Weg.

424 + 337 = _____

256 + 416 = _____

584 + 325 = _____

766 + 128 = _____

243 + 349 = _____

187 + 719 = _____

545 + 248 = _____

137 + 648 = _____

1

45 + 13 = ____ 56 + 22 = ____ 37 + 21 = ____ 24 + 65 = ____

345 + 13 = ____ 456 + 22 = ____ 637 + 21 = ____ 524 + 65 = ____

345 + 213 = ____ 456 + 222 = ____ 637 + 321 = ____ 524 + 165 = ____

2

+	80	84	87
170			
172			
174			

+	60	62	65
360			
364			
367			

+	90	93	95
430			
434			
435			

+	34	54	61
250			
255			
258			

+	53	55	58
521			
621			
721			

+	70	85	99
640			
648			
848			

Rechenwege bei der Subtraktion

1 Löse die Aufgaben am Rechenstrich.

565 – 237 = ____

487 – 138 = ____

945 – 426 = ____

786 – 357 = ____

2 Rechne mit dem grünen Koffer am Rechenstrich.

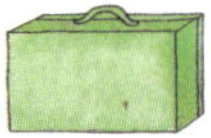

867 – 399 = ____

966 – 298 = ____

Rechne auf deinem Weg.

653 – 327 = _____

771 – 446 = _____

678 – 289 = _____

594 – 158 = _____

862 – 535 = _____

773 – 331 = _____

985 – 677 = _____

746 – 238 = _____

587 – 493 = _____

1 Rechne.

768 − 299 = ___
768 − ___ + ___

683 − 398 = ___
683 − ___ + ___

852 − 199 = ___
___ − ___ + ___

473 − 198 = ___
___ − ___ + ___

586 − 297 = ___
___ − ___ + ___

943 − 399 = ___
___ − ___ + ___

2 Rechne.

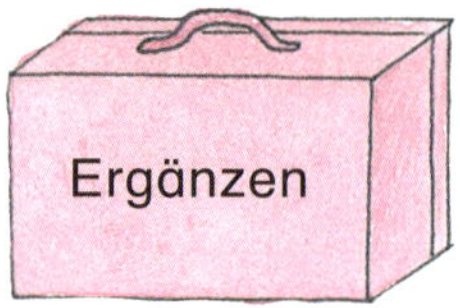

405 − 389 = 16
389 + 11 = 400
400 + 5 = 405
389 + 16 = 405

708 − 673 = ___
673 + ___ = 700
___ + ___ = 708
673 + ___ = 708

506 − 483 = ___
___ + ___ = ___
___ + ___ = ___
483 + ___ = 506

3 Ergänze in einem Schritt.

603 − 597 = ___
597 + ___ = 603

511 − 498 = ___
___ + ___ = ___

609 − 582 = ___
___ + ___ = ___

407 − 375 = ___
___ + ___ = ___

1 Schreibe als Kommazahl.

368 cm = 3,68 m	403 cm = ______	87 cm = ______
472 cm = ______	730 cm = ______	304 cm = ______
300 cm = ______	8 cm = ______	619 cm = ______

2 Schreibe als Kommazahl.

5 m 48 cm = ______ m	8 m 50 cm = ______	14 m 4 cm = ______
0 m 95 cm = ______	2 m 7 cm = ______	60 m 83 cm = ______
3 m 8 cm = ______	9 m 20 cm = ______	37 m 60 cm = ______
6 m 23 cm = ______	7 m 62 cm = ______	50 m 7 cm = ______

3 Setze richtig ein: (>), (<), (=)

3,45 m ◯ 3 m 54 cm	7,68 m ◯ 7 m 66 cm	7,07 m ◯ 770 cm
8,28 m ◯ 8 m 8 cm	0,57 m ◯ 5 m 70 cm	4,50 m ◯ 450 cm
4,07 m ◯ 4 m 70 cm	3,09 m ◯ 3 m 9 cm	6,18 m ◯ 681 cm

Meter und Zentimeter

1 Welche Längen sind gleich? Male sie in der gleichen Farbe an.

583 cm	5 m 38 cm	83 m	5,83 m
0,83 m	5,38 m	83 cm	538 cm
5 m 83 cm	0 m 83 cm		

705 cm	7,05 m	5,70 m	7,50 m
570 cm	507 cm	5,07 m	5 m 7 cm
5 m 70 cm	7 m 5 cm		

2 Ordne die Längen der Größe nach. Beginne mit der kürzesten Länge.

506 cm	5,99 m	5 m 59 cm	5 m 90 cm	9 m	5,49 m	59 cm

______, ______, ______, ______, ______, ______, ______

6,40 m	614 cm	6 m 41 cm	64 cm	4 m 16 cm	6,44 m	46 cm

______, ______, ______, ______, ______, ______, ______

Zentimeter und Millimeter

1 Schreibe in mm.

7 cm 4 mm = ________

5 cm 9 mm = ________

8 cm 3 mm = ________

25 cm = ________

87 cm = ________

62 cm = ________

2 Setze richtig ein: (>), (<), (=)

6 cm 8 mm	◯	84 mm	380 mm	◯	38 cm
4 cm 9 mm	◯	44 mm	57 cm	◯	750 mm
8 cm 1 mm	◯	81 cm	100 mm	◯	9 cm
9 cm 4 mm	◯	490 mm	100 cm	◯	1 000 mm
3 cm 6 mm	◯	630 mm	17 cm	◯	71 mm
76 mm	◯	67 cm	33 mm	◯	3 cm

3 Wie lang sind die Dinge in Wirklichkeit? Verbinde.

29 cm 7 mm | 17 cm | 23 mm | 8 mm | 9 cm 5 mm | 5 cm

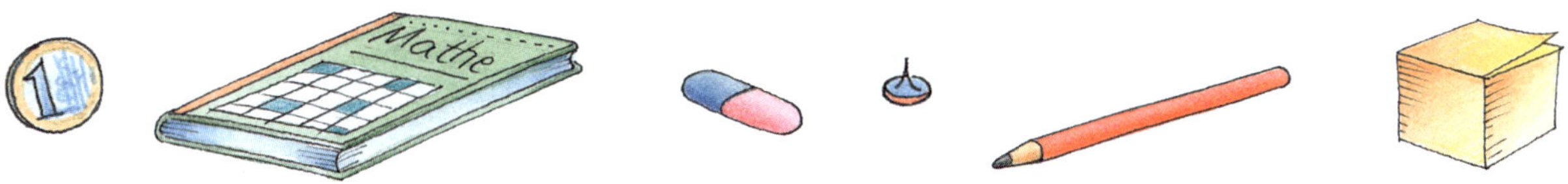

1

_______ Uhr

_______ Uhr

_______ Uhr

_______ Uhr

_______ Uhr

_______ Uhr

_______ Uhr

_______ Uhr

_______ Uhr

_______ Uhr

2

_______ Uhr

_______ Uhr

_______ Uhr

_______ Uhr

_______ Uhr

_______ Uhr

_______ Uhr

_______ Uhr

_______ Uhr

_______ Uhr

3 Wie viele Minuten sind vergangen?

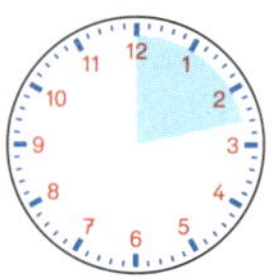

____ min

____ min

____ min

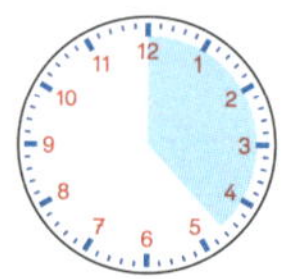

____ min

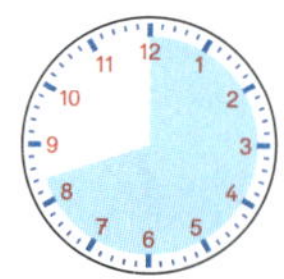

____ min

1 Ergänze zur vollen Stunden.

26 min

6.34 Uhr 7.00 Uhr

5.43 Uhr

10.27 Uhr

15.08 Uhr

19.19 Uhr

8.24 Uhr

22.51 Uhr

13.21 Uhr

17.37 Uhr

2 Fredo wartet auf den Bus. Es ist 16.05 Uhr. Der Bus kommt um 16.32 Uhr.
Wie viele Minuten muss Fredo noch warten? ______________________________

1 Wie viele Minuten sind vergangen?

6.23 Uhr — 6.46 Uhr

16.07 Uhr — 16.49 Uhr

21.18 Uhr — 21.53 Uhr

2 Wie viele Minuten sind vergangen?

13 min

12.47 Uhr — 13.00 Uhr — 13.29 Uhr

13 min + ______ = ______

4.58 Uhr — 5.36 Uhr

______ + ______ = ______

18.14 Uhr — 19.09 Uhr

______ + ______ = ______

22.38 Uhr — 23.16 Uhr

______ + ______ = ______

1 Rechne.

	H	Z	E
	1	4	8
+	4	5	0

	H	Z	E
	2	0	4
+	5	1	8

	H	Z	E
	7	4	1
+	1	5	6

	H	Z	E
	6	2	4
+	3	7	3

	H	Z	E
	3	6	8
+	5	3	3

2 Kreuze zuerst die Anzahl der Überträge an, bevor du die Aufgaben rechnest.

0 ~~1~~ 2

	2	5	3
+	1	6	2

0 1 2

	4	0	5
+	3	8	2

0 1 2

	4	7	4
+	3	1	8

0 1 2

	6	9	2
+	1	8	5

0 1 2

	3	5	4
+	3	2	4

0 1 2

	5	6	7
+	1	5	5

0 1 2

	7	7	7
+	1	8	8

0 1 2

	9	0	8
+		5	1

0 1 2

	1	8	6
+	5	2	4

0 1 2

	3	6	5
+	2	2	2

0 1 2

	4	5	6
+	4	5	6

0 1 2

	7	6	5
+	1	2	3

1

183 + 257	478 + 435	255 + 384	476 + 424	827 + 151	736 + 136
364 + 418	172 + 526	637 + 122	463 + 209	552 + 140	710 + 126
418 + 463	191 + 464	23 + 798	389 + 524	258 + 461	875 + 86

2 Schreibe stellengerecht untereinander und rechne.

507 + 228   781 + 32   74 + 742   581 + 331   481 + 63   59 + 642

1 Rechne und setze fort.

533	544	555	566
+ 147	+ 156	+ 165	+ 174

375	474	573	672
+ 153	+ 144	+ 135	+

2 Im Kopf oder schriftlich? Rechne.

855 + 125 = ____ 102 + 781 = ____ 826 + 158 = ____

164 + 687 = ____ 433 + 110 = ____ 463 + 248 = ____

200 + 434 = ____ 714 + 240 = ____ 178 + 495 = ____

1 Addiere geschickt.

344	425	53	308	172	443
122	34	237	241	206	87
+ 216	+ 235	+ 214	+ 129	+ 318	+ 144

2 Addiere.

246	218	181	505	36	325
371	321	41	170	118	569
+ 229	+ 113	+ 518	+ 252	+ 430	+ 33

3 Achtung! Der Übertrag kann auch größer als 1 sein.

167	155	338	129	360	489
417	389	112	436	201	289
+ 347	+ 371	+ 166	+ 87	+ 309	+ 189
1 2					
931					

Meter und Kilometer

1 Wie viele Meter fehlen bis zu einem Kilometer? Ergänze.

1 km	846 m	782 m	374 m	591 m	163 m	425 m	238 m	53 m

2 Wie viele Kilometer werden zurückgelegt?

Zeit	Strecke
1 h	8 km
30 min	
15 min	
1 h 30 min	
2 h 45 min	

Zeit	Strecke
1 h	
30 min	
15 min	
1 h 30 min	
2 h 45 min	

Zeit	Strecke
1 h	
30 min	
15 min	
1 h 30 min	
2 h 45 min	

Schriftliches Subtrahieren

1 Wo musst du wechseln? Kreise ein, bevor du rechnest.

H Z E	H Z E	H Z E	H Z E	H Z E	H Z E
7 3 8	7 1 6	8 4 2	6 6 0	5 3 5	9 4 8
− 3 5 4	− 5 6 1	− 4 3 6	− 2 4 7	− 2 4 2	− 3 6 3

2 Wie oft musst du wechseln? Kreuze an, bevor du rechnest.

0 1 2	0 1 2	0 1 2	0 1 2	0 1 2	0 1 2
7 5 5	6 0 0	7 7 1	5 7 4	4 6 2	6 5 4
− 1 1 4	− 2 4 0	− 6 2 1	− 1 4 9	− 2 8 9	− 1 6

0 1 2	0 1 2	0 1 2	0 1 2	0 1 2	0 1 2
5 5 5	6 2 2	4 5 5	7 1 8	7 8 6	2 3 7
− 3 1 4	− 4 5 9	− 1 8 3	− 3 2 0	− 4 3 1	− 1 1 6

Schriftliches Subtrahieren

Schreibe stellengerecht untereinander und rechne.

623 – 288 451 – 383 485 – 359 674 – 23 152 – 66 462 – 337

509 – 374 328 – 37 736 – 243 664 – 326 735 – 432 823 – 268

207 – 54 551 – 257 735 – 319 723 – 381 733 – 387

Schriftliches Subtrahieren

1 Rechne. Kontrolliere mit der Umkehraufgabe.

$$\begin{array}{r} 215 \\ -\,144 \\ \hline \end{array} \quad \begin{array}{r} 815 \\ -\,484 \\ \hline \end{array} \quad \begin{array}{r} 862 \\ -\,584 \\ \hline \end{array} \quad \begin{array}{r} 450 \\ -\,268 \\ \hline \end{array} \quad \begin{array}{r} 237 \\ -\,78 \\ \hline \end{array} \quad \begin{array}{r} 838 \\ -\,540 \\ \hline \end{array}$$

2 Im Kopf oder schriftlich? Rechne.

884 – 308 = ____	675 – 242 = ____	710 – 691 = ____	785 – 560 = ____
862 – 584 = ____	459 – 238 = ____	400 – 250 = ____	628 – 242 = ____

1

507	609	802	406	904	701
− 323	− 271	− 45	− 256	− 507	− 479

500	460	700	603	958	906
− 258	− 203	− 359	− 140	− 309	− 79

740	590	709	803	600	501
− 306	− 204	− 345	− 190	− 327	− 339

2 Welche Ziffern fehlen?

8□4	64□	□28	910	□09
− □90	− 329	− 20□	− 6□8	− 24□
314	□11	523	□52	160

Fredo hat mit diesen Ziffernkarten 1 2 3 4 5 6 7 8 9 0 Aufgaben gelegt.
Welche Ziffern fehlen? Setze richtig ein. Manchmal gibt es mehrere Möglichkeiten.

2 6 7	7 2 5	5 7 8	3 6 2
+ 5 _ 3	+ 1 3 _	+ _ _ _	+ _ _ _
_ _ _	_ _ _	9 4 0	5 4 9

1 4 7	2 9 3	_ _ _	_ _ _
+ _ _ _	+ _ _ _	+ 2 7 3	+ 4 1 3
_ 5 3	7 _ 8	_ 6 8	9 _ 0

_ 2 5	_ _ 2	2 8 _	2 3 _	5 _ 6
+ _ _ 9	+ 5 7 _	+ _ _ 7	+ _ 4 6	+ _ 9 _
7 3 _	_ 4 0	4 5 _	_ 8 _	8 _ 7

Fredo hat mit diesen Ziffernkarten 1 2 3 4 5 6 7 8 9 0 Aufgaben gelegt.
Welche Ziffern fehlen? Setze richtig ein. Manchmal gibt es mehrere Möglichkeiten.

		7	2		6		4		7	2			9		4		5		0
−	6	5	8	−	2	8	9	−	4	0	9	−	3	2	6	−	3	6	2

	5	9	1		8	2	6								
−				−				−	2	7	8	−	1	8	4
	2	8	4		5	1	9		4	1	5		7	5	2

									7		4		9		5		8		0
−		0	5	−	2	5		−		2		−		4		−		1	
	8	3	7		6	1	9		1		9		1		2		5		6

1 Wie viel Gramm fehlen bis zu einem Kilogramm? Ergänze.

1 kg	600 g	120 g	350 g	738 g	527 g	245 g	64 g	129 g

2 Welche Gewichtssteine brauchst du? Kreuze an.

		500 g	200 g	100 g	100 g	50 g	20 g	10 g	10 g	5 g	2 g	2 g	1 g
Apfel	262 g												
Banane	178 g												
Birne	249 g												
Ananas	837 g												
Kokosnuss	934 g												
Melone	998 g												

Kilogramm und Gramm

1 Schreibe mit Komma.

2 kg 470 g = 2,470 kg	8 kg 391 g = ______ kg
6 kg 729 g = ______ kg	5 kg 633 g = ______ kg
5 kg 20 g = ______ kg	7 kg 5 g = ______ kg
3 kg 56 g = ______ kg	10 kg 2 g = ______ kg
860 g = ______ kg	3 g = ______ kg
45 g = ______ kg	7 g = ______ kg

1000 g = 1,000 kg
100 g = 0,100 kg
10 g = 0,010 kg
1 g = 0,001 kg

2 Ordne den Schulsachen das richtige Gewicht zu.

118 g | 1,2 kg | 560 g | 5 g | 31 g

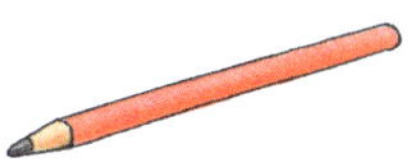

Multiplizieren mit Zehnerzahlen

1
4 · 3 = ____ 8 · 8 = ____ 6 · 9 = ____ 3 · 7 = ____ 9 · 9 = ____
4 · 3 Z = ____ 8 · 8 Z = ____ 6 · 9 Z = ____ 3 · 7 Z = ____ 9 · 9 Z = ____
4 · 30 = ____ 8 · 80 = ____ 6 · 90 = ____ 3 · 70 = ____ 9 · 90 = ____

2
6 · 5 = ____ 4 · 6 = ____ 7 · 4 = ____ 8 · 7 = ____ 6 · 2 = ____
6 · 50 = ____ 4 · 60 = ____ 7 · 40 = ____ 8 · 70 = ____ 6 · 20 = ____

3

·	3	30	5	50
2				
4				
5				
6				

·	6	60	9	90
1				
4				
7				
8				

4
3 · 3 H = ____ 7 · 1 H = ____ 1 · 9 H = ____ 4 · 2 H = ____ 2 · 5 H = ____
3 · 300 = ____ 7 · 100 = ____ 1 · 900 = ____ 4 · 200 = ____ 2 · 500 = ____

1

4 · ____ = 32 5 · ____ = 25 7 · ____ = 56 6 · ____ = 36 9 · ____ = 72

4 · ____ = 320 5 · ____ = 250 7 · ____ = 560 6 · ____ = 360 9 · ____ = 720

40 · ____ = 320 50 · ____ = 250 70 · ____ = 560 60 · ____ = 360 90 · ____ = 720

2

6 · ____ = 180 8 · ____ = 640 30 · ____ = 180 90 · ____ = 270 3 · ____ = 240

5 · ____ = 450 7 · ____ = 420 40 · ____ = 360 50 · ____ = 300 30 · ____ = 210

9 · ____ = 630 5 · ____ = 350 20 · ____ = 160 80 · ____ = 320 7 · ____ = 350

3

·	70	80	90
4			
5			
8			

·	30	40	60
		240	
	240		
			540

·			
6			600
7	560		
8		400	

4

3 · 60 = ____ 4 · 80 = ____ 9 · 20 = ____ 5 · 70 = ____ 8 · 90 = ____

60 · 3 = ____ 80 · 4 = ____ 20 · 9 = ____ 70 · 5 = ____ 90 · 8 = ____

30 · 6 = ____ 40 · 8 = ____ 90 · 2 = ____ 50 · 7 = ____ 80 · 9 = ____

Zehnerzahlen dividieren

1

64 : 8 = ____
64 Z : 8 = ____
640 : 8 = ____

28 : 7 = ____
28 Z : 7 = ____
280 : 7 = ____

45 : 9 = ____
45 Z : 9 = ____
450 : 9 = ____

12 : 6 = ____
12 Z : 6 = ____
120 : 6 = ____

36 : 4 = ____
36 Z : 4 = ____
360 : 4 = ____

2

9 : 3 = ____
90 : 3 = ____

18 : 2 = ____
180 : 2 = ____

25 : 5 = ____
250 : 5 = ____

48 : 8 = ____
480 : 8 = ____

21 : 7 = ____
210 : 7 = ____

20 : 4 = ____
200 : 4 = ____

30 : 6 = ____
300 : 6 = ____

30 : 5 = ____
300 : 5 = ____

40 : 8 = ____
400 : 8 = ____

10 : 5 = ____
100 : 5 = ____

3

:	4	8
16		
160		
32		
320		

:	3	6
12		
120		
30		
300		

:	6	9
36		
360		
54		
540		

:	3	9
18		
180		
27		
270		

1

Multipliziere 20 mit 6 und dividiere dann durch 4.
Du erhältst die Zahl _____.

Multipliziere 40 mit 3 und subtrahiere 20.
Du erhältst die Zahl _____.

Multipliziere 50 mit 5 und addiere 250.
Du erhältst die Zahl _____.

Multipliziere 8 mit 20 und dividiere dann durch 2.
Du erhältst die Zahl _____.

2

Dividiere 180 durch 6 und multipliziere dann mit 5.
Du erhältst die Zahl _____.

Dividiere 560 durch 7 und addiere 20.
Du erhältst die Zahl _____.

Dividiere 500 durch 5 und subtrahiere 20.
Du erhältst die Zahl _____.

Dividiere 240 durch 4 und multipliziere dann mit 3.
Du erhältst die Zahl _____.

Dividiere 480 durch 60 und multipliziere das Ergebnis mit sich selbst. Du erhältst die Zahl _____.

1 Notiere alle Teiler von 12: ___, ___, ___, ___, ___, ___

Notiere alle Teiler von 36: ___, ___, ___, ___, ___, ___, ___, ___, ___

Notiere die Vielfachen von 3, die zwischen 10 und 25 liegen: ___, ___, ___, ___, ___

Notiere die Vielfachen von 7, die größer als 30 und kleiner als 50 sind: ___, ___, ___

2 Addiere zum Dreifachen von 8 das Doppelte von 150. Du erhältst die Zahl ___.

Subtrahiere vom Doppelten von 500 das Zehnfache von 10. Du erhältst die Zahl ___.

Addiere zum Doppelten von 200 das Sechsfache von 100. Du erhältst die Zahl ___.

3 Welche Zahlen können es sein?

Die Zahl ist Teiler von 45 und Teiler von 36. ___, ___

Die Zahl ist Teiler von 18 und Teiler von 12. ___, ___, ___, ___

Die Zahl ist Vielfaches von 8 und Vielfaches von 6. Sie ist kleiner als 50. ___, ___

Die Zahl ist Vielfaches von 3 und Vielfaches von 6. Sie ist kleiner als 20. ___, ___, ___

4 · 16 =

4 · 10 = 40

4 · 6 = 24

40 + ___ = ___

6 · 47 =

8 · 34 =

7 · 23 =

3 · 48 =

9 · 52 =

5 · 21 =

4 · 94 =

$5 \cdot 47 =$

$6 \cdot 74 =$

$7 \cdot 51 =$

$8 \cdot 84 =$

$3 \cdot 85 =$

$9 \cdot 17 =$

$3 \cdot 28 =$

$4 \cdot 26 =$

$8 \cdot 62 =$

47 · 3 =

64 · 3 =

38 · 5 =

76 · 7 =

89 · 9 =

53 · 4 =

49 · 8 =

45 · 7 =

Halbschriftliches Multiplizieren

72 · 4 =

56 · 8 =

44 · 9 =

57 · 7 =

64 · 6 =

32 · 4 =

39 · 3 =

27 · 5 =

83 · 7 =

1

·	80	4	84
2			
3			
4			
5			

·	30	7	37
6			
7			
8			
9			

·	40	8	48
3			
6			
9			
10			

2

·	200	30	230
2			
4			
3			
1			

·	100	40	140
3			
4			
7			
5			

·	100	7	107
8			
7			
5			
9			

3 $3 \cdot 203 =$ ______ $5 \cdot 120 =$ ______ $4 \cdot 111 =$ ______ $7 \cdot 103 =$ ______

Knobeleien

1 Setze die richtigen Rechenzeichen ein: (+), (−), (·), (:)

5 ◯ 8 ◯ 4 = 44	580 ◯ 20 ◯ 55 = 615	7 ◯ 8 ◯ 56 = 112
100 ◯ 5 ◯ 5 = 505	1 000 ◯ 2 ◯ 50 = 450	94 ◯ 143 ◯ 33 = 270
8 ◯ 6 ◯ 25 = 73	9 ◯ 8 ◯ 0 = 72	100 ◯ 5 ◯ 10 = 2
700 ◯ 2 ◯ 5 = 345	81 ◯ 9 ◯ 9 = 81	64 ◯ 8 ◯ 4 = 32

2 Setze die passenden Zahlen ein.

9 · 9 + _____ = 395	200 : _____ − 22 = 18	_____ : 7 + 245 = 315
7 · 30 · _____ = 840	40 · _____ : 30 = 8	1 000 : 2 − _____ = 476

3 Du hast diese Ziffernkarten 1 2 3 4 5 6 7 8 9 0.
Setze richtig ein. Manchmal gibt es mehrere Möglichkeiten.

2 □ □	4 □ □	□ □ 9	7 □ 3	□ □ 3
+ □ 4 □	+ □ 6 □	+ □ 3 □	− □ 5 □	− □ 5 □
□ □ 6	□ □ 2	6 □ □	□ □ □	□ □ 7

Zahlenfolgen

Wie geht es weiter? Wie lautet die Regel? Setze die Zahlenfolge fort.

·2 –5 ·2 –5

20, 40, 35, 70, 65, 130, ____, ____, ____, 490

Immer abwechselnd (·) 2 (–) 5

1000, 850, 880, 730, 760, ____, ____, ____, ____, ____, 400

Immer abwechselnd ( ) ____ ( ) ____

50, 130, 90, 170, 130, ____, ____, ____, ____, ____, 250

Immer abwechselnd ( ) ____ ( ) ____

100, 200, 150, 300, 250, ____, ____, ____, ____, 1 700

Immer abwechselnd ( ) ____ ( ) ____

100, 50, 200, 100, 400, ____, ____, ____, 1600

Immer abwechselnd ( ) ____ ( ) ____

Male hier
für jede gelöste
Seite ein Feld aus.
Wie fit bist du
schon?
1 2 3 4 5 6 7 8 9 10 11 12 13 14 15 16 17 18 19 20 21 22 23 26 27 28 29 30 31 32 33 34 36 37 38 41 42 43 44 45 46 49 50 51 52 53 54 55 56 57 58 59 60 61 62 63